RECORRIDO POR LA CIUDAD

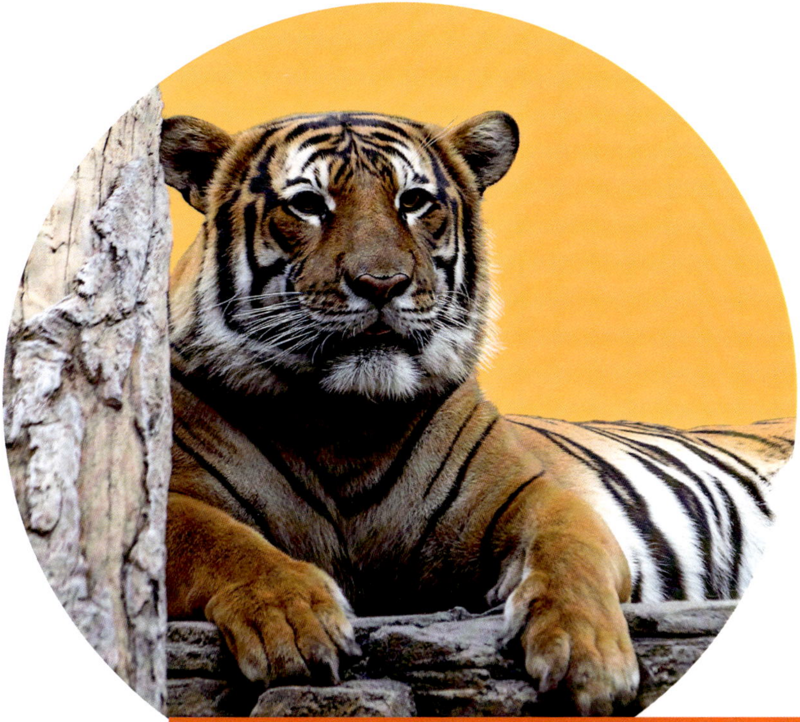

EL ZOOLÓGICO

por Alissa Thielges

tren

taquilla

Busca estas palabras e imágenes mientras lees.

cuidador del zoológico

mapa

Los zoológicos nos enseñan sobre los animales. ¿Qué más hay para ver?

TICKETS & TOURS

SAN DIEGO ZOO

Mira la taquilla. La mamá de Lily compra dos boletos.

taquilla

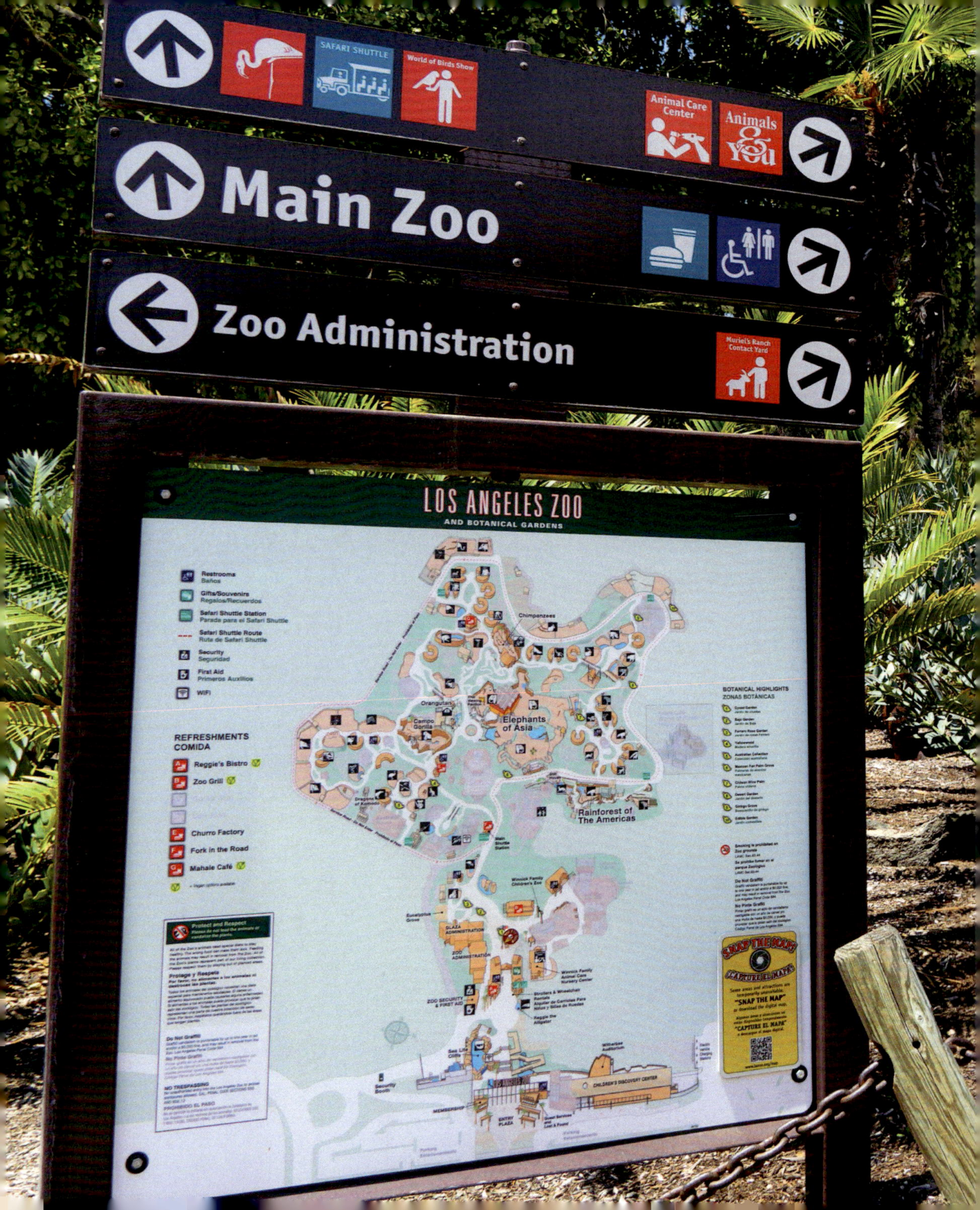

 ↑ Safari Shuttle | World of Birds Show

 Animal Care Center | Animals & You →

↑ Main Zoo

 →

← Zoo Administration

 Muriel's Ranch Contact Yard →

LOS ANGELES ZOO
AND BOTANICAL GARDENS

mapa

Mira el mapa. Indica dónde están todos los animales. ¡Primera parada, los leones!

Mira al cuidador del zoológico.
Él cuida a los animales.
Ben le hace una pregunta.

cuidador del zoológico

Una cuidadora da una plática. Ella enseña sobre las águilas.

El zoológico es grande.
¡Hay muchas cosas para ver!

Mira el tren. Puedes viajar en el tren para observar a los animales.

tren

Mira la taquilla. La mamá de Lily compra dos boletos.

taquilla

tren

taquilla

¿Lo encontraste?

cuidador del zoológico

mapa

Mira al cuidador del zoológico. Él cuida a los animales. Ben le hace una pregunta.

cuidador del zoológico

Mira el mapa. Indica dónde están todos los animales. ¡Primera parada, los leones!

mapa

SPOT

Publicado por Amicus Learning, un sello de Amicus
P.O. Box 227, Mankato, MN 56002
www.amicuspublishing.us

Copyright © 2025 Amicus. Todos los derechos reservados. Prohibida la reproducción, almacenamiento en base de datos o transmisión por cualquier método o formato electrónico, mecánico o fotostático, de grabación o de cualquier otro tipo sin el permiso por escrito de la editorial.

Library of Congress Cataloging-in-Publication Data
Names: Thielges, Alissa, 1995- author.
Title: El zoológico / por Alissa Thielges.
Other titles: Zoo. Spanish
Description: Mankato, MN : Amicus Learning, 2025. | Series: Recorrido por la ciudad | Audience: Ages 4-7 | Audience: Grades K-1 | Summary: "A search-and-find book about zoos reinforces new Spanish vocabulary to build reading success while close-up images of places and buildings captivate young audiences. A great early social studies book to inspire learning about communities on field trips for kindergartners and first graders. North American Spanish translation"—Provided by publisher.
Identifiers: LCCN 2023045280 (print) | LCCN 2023045281 (ebook) | ISBN 9781645499350 (library binding) | ISBN 9798892000284 (ebook)
Subjects: LCSH: Zoos—Juvenile literature.
Classification: LCC QL76 .T4518 2025 (print) | LCC QL76 (ebook) | DDC 590.73—dc23/eng/20231222

Rebecca Glaser, editora
Deb Miner, diseñador de la serie
Kim Pfeffer, diseñador de libro y investigación fotográfica

Créditos de Imágenes: Adobe Stock/KbytesOfJax, 1; Alamy Stock Photo/Barrie Harwood, 8–9; Kelly Nine, 6–7; Michael Deemer, 12–13; Dreamstime/Bunyos, cover; iStock/Joel Auerbach, 14; kali9, 10–11; Rejean Bedard, 3; Wikipedia Commons/BrokenSphere, 4–5

EL ZOOLÓGICO